世界 海洋百科丛书

于向昕 编写

伏波铁骑

海洋出版社
2012年·北京

蔚蓝世界海洋百科丛书·编写组

主　编：阎　安

编　委：阎　安　屠　强　姚海科　向思源
　　　　柳　茵　吴　溪　肖　炜　郑　珂
　　　　高朝君　闫　琳　王　涛　张均龙
　　　　周伯文　李香红　将李婷
　　　　于向昀　于向昕　项　翔　海　童
　　　　关晓星

本册编写：于向昕

项目策划：海洋出版社文社图书出版中心

丛书统筹：北京海洋蓝魔方文化传媒有限公司

责任编辑：王宏春

写在前面

海洋约占地球表面积的71%，对经济和社会发展具有重要作用。海洋是生命的摇篮，是地球上最早生物的诞生源地；海洋是风雨的故乡，对全球气候起着巨大的调控作用；海洋是交通的要道，为人类物质和精神文明交流作出了重大的贡献；海洋是资源的宝库，蕴藏着极为丰富的生物资源、矿产资源、化学资源、水资源和能源；海洋是国防前哨，海洋环境对海上军事活动有很大影响；海洋还是认识宇宙、发展自然科学理论的理想试验场。

随着世界人口激增、陆地资源短缺和生态环境恶化，人们越来越多地把目光移向海洋。海洋正以其富饶的资源、广袤的空间，给人类生存和发展带来新的希望，为全球经济和社会可持续发展奠定了坚实的基础。

我国是一个濒海大国，按照《联合国海洋法公约》的规定，我国拥有约300万平方千米的主张管辖海域，相当于陆地国土面积的三分之一。我国大陆海岸线长达1.8万千米，拥有大小岛屿6500多个，岛屿岸线1.4万多千米。

我国的海域处在中、低纬度地带，自然环境和资源条件比较优越，适合发展各种海洋产业和兴办各类海洋事业。海域内海洋生物物种繁多，渔场面积280多万平方千米，滩涂、港湾和20米水深以内的浅海面积260多万公顷，对发展海洋捕捞业和海水养殖业极为有利。我国海域内石油资源量约250亿吨；海洋可再生能源理论蕴藏量6.3亿千瓦；在国际海底区域还拥有7.5万平方千米多金属结核矿区。此外，我国具有深水岸线几百千米，深水港址数十处；适合发展海洋运输业。滨海地区拥有大量旅游景点，适合发展海洋旅游业。

21世纪是海洋世纪，实施海洋开发正是适应国际环境和国内发展要求的一项重大战略决策。要实施这一战略，就必须有效维护国家的海洋权益，树立国民海洋意识，这对整个国家的经济发展、社会稳定、国家安全具有重大意义。

希望这套为普及海洋知识，带领大家了解海洋、认识海洋的读物能真正帮助更多朋友插上知识的翅膀，与中国的海洋事业一起腾飞。

《蔚蓝世界海洋百科》编写组

目次

驱逐舰知识篇（1）

发展历史（2）

中型军舰多种用途　　海上多面手
应运而生的驱逐舰　　鱼雷的威胁
不断改进继续提高　　引领潮流
驱逐舰打响第一炮　　"一战"风云
两次世界大战之间　　提高性能
驱逐舰鏖战大西洋　　血与火的考验
美日驱逐舰的对垒　　血战太平洋
大战之后的驱逐舰　　快速发展

关键技术（18）

水面下的激烈较量　　搜潜与攻潜
剑指苍天其锷未残　　防空系统
对舰对陆火力突击　　一击必杀
坚守最后一道防线　　近防系统
驱逐舰的坚强心脏　　动力装置
百花齐放各有千秋　　导弹垂直发射系统

经典战例（30）

皇家海军首战告捷　　赫尔戈兰湾海战
驱逐舰撞击鱼雷艇　　多佛尔遭遇战
纳粹驱逐舰的坟墓　　纳尔维克海战
优势兵力反遭重创　　塔萨法隆加海战

WEILAN SHIJIE HAIYANG BAIKE CONGSHU

  借助雷达击沉日舰 维拉湾海战
  敢死攻击逼退强敌 萨马岛海战

历史名舰（42）
  质量优势战胜数量 日本"吹雪"级
  外观美观的驱逐舰 英国"部族"级
  数量最多的驱逐舰 美国"弗莱彻"级

现役装备（48）
  世界驱逐舰的王者 美国"阿利·伯克"级
  苏联红海军的遗产 俄罗斯"现代"级
  中华神盾舰显神威 中国052C型
  英海军的全能武士 英国45型
  海上自卫队的精锐 日本"金刚"级
  屡经挫折终现曙光 法/意"地平线"级

史海钩沉（60）
  "31节"追击敌舰 阿利·伯克
  英舰战沉南大西洋 "飞鱼"发威
  疏忽大意导致悲剧 "科尔"号被炸

驱逐舰知识篇
QUZHUJIAN ZHISHI PIAN

发展历史 中型军舰多种用途

海上多面手
HAISHANG DUOMIANSHOU

驱逐舰，就其魅力、成就或声誉而言，没有任何军舰能够与之相比。如果用一句话来概括它的特性，那就是：它是一种必不可少的在航率高的军舰。

驱逐舰开始是为了执行单一任务而建造的，可是，在随后一百多年的漫长岁月中，它逐渐发展成一种多用途主力军舰。

驱逐舰可为海上舰船护航，实施对舰攻击，进行反潜、防空，遣送部队登陆和炮击岸上阵地。

驱逐舰起源于英国。

在19世纪70年代，出现了一种以鱼雷为主要武器的舰艇。

当时被称为"鱼雷艇"。这种"鱼雷艇"不同于以后出现的鱼雷快艇，它是一种中小型舰只，航速不算很快，但肯定比战列舰、巡洋舰这些大型战舰要快得多，专门以敌军的大型战舰为目标。现在看来，这种舰艇称为"雷击舰"更加合适。

美国亚利·伯克级导弹驱逐舰

日本金刚级导弹驱逐舰

由于鱼雷艇所载的鱼雷威力巨大，对大型战舰构成很大威胁，而鱼雷艇本身造价不高，很适合大批建造，因此，当时大型战舰最多，海军实力最强的大英帝国对此十分头疼。于是专门建造了对付鱼雷艇的舰艇——"鱼雷艇驱逐舰"，简称"驱逐舰"。

英国在建造这种舰艇时，不单为它装备了火炮，还安装了鱼雷，使驱逐舰不光具备驱逐对方鱼雷艇的能力，同时也可以用鱼雷攻击大型战舰。

在第一次和第二次世界大战中，驱逐舰经受了严峻的考验，由于战争的需要，驱逐舰的火力和航速大大加强，随之而来的是排水量也大大增加，所能执行的任务也越来越多，因而得到了广泛的应用。世界各国纷纷大量建造驱逐舰，以增强本国的海军力量。尤其是 1922 年，美国、英国、日本、法国和意大利五国在华盛顿签订了限制海军军备《华盛顿海军协定》。由于条约规定和限制了战列舰、巡洋舰及航空母舰的排水量和舰炮口径，各国纷纷对建造驱逐舰投入更大关注，从而使驱逐舰在数量上得到了很大的发展，仅美国在"一战"和"二战"期间就建造了 300 艘驱逐舰。

"二战"结束后，驱逐舰获得了比其他大中型军舰更快的发展。除了航空母舰和潜艇外，各国海军重点发展的军舰就是驱逐舰。一些经济实力较弱的国家，更是以驱逐舰作为本国海军发展的重中之重。20 世纪 50 年代以来，随着导弹技术的发展，装备上舰对舰、舰对空导弹的驱逐舰，更是如虎添翼、勇不可挡。

英国45型防空驱逐舰

俄罗斯现代级导弹驱逐舰

法国"地平线"级驱逐舰

应运而生的驱逐舰

鱼雷的威胁
YULEI DE WEIXIE

世界上第一艘驱逐舰"哈沃克"号

英国早期驱逐舰"大黄蜂"号

为了了解驱逐舰的诞生,我们必须追溯到一百多年前的历史。1866年,一位英国工程师罗伯特·怀特海德发明了一种能在水下攻击军舰的武器,当时这种武器可以在水下航行200码(1码=0.9144千米),时速6.5节(1节=1.852公里/小时),这就是鱼雷。1870年,他带着鱼雷的样品向英国海军部做了表演,成功地击沉了靶舰。随后,怀特海德又在英国进行了一百多次表演,给英国海军部以强烈震动,他们立即购买了鱼雷的生产权,并于1877年建成了第一艘专门用来发射鱼雷的军舰"闪电"号。

"闪电"号比大型汽艇稍大一些,装有一具艇首固定鱼雷发射管,携带一枚"白头"(怀特海德即"白头"之意)鱼雷,通过其艇身对准目标。它在风平浪静的海面上具有19节的航速,所携带的鱼雷直径为356毫米,能以18节的航速航行548米,对于19世纪70年代的军舰来说,这是非常好的性能。

英国建造的鱼雷艇引起了法国的注意,因为鱼雷艇明显具有发射一次鱼雷就能摧毁敌方大型军舰的能力!

英国早期驱逐舰"狐狸"号

自从拿破仑战争中法国舰队遭到覆灭之后,法国一直在寻求一种足以抵消英国在海上所占压倒优势的武器。因此法国虽然在建造鱼雷艇方面比英国起步晚,但下的力量大,很快就超过了英国,到1885年,法国已经拥有104艘鱼雷艇。与此同时,其他国家也认识到鱼雷艇的威力,在一个很短的时期内,奥地利、智利、希腊、德国、意大利、日本和斯堪的纳维亚等国的海军都拥有了鱼雷艇。

现在轮到英国海军头疼了,自己发明的鱼雷艇对自己的大型战舰造成严重威胁,英国海军是决不能容忍这种状况继续下去的。英国决定建造另外一种舰艇,这种舰艇能以鱼雷艇相同或更快的速度行驶,并用火炮击沉鱼雷艇以保护自己的大型战舰。因为当时英法之间关系紧张,存在爆发战争的可能性,为了尽快解除法国鱼雷艇的威胁,英国海军部决定向全国的造船厂招标建造"鱼雷艇驱逐舰",简称"驱逐舰",这是这个术语首次出现在英国官方文件上。

1893年10月,英国建成世界上第一艘鱼雷艇驱逐舰"哈沃克"号。它机动性良好,航速达27节,可在海上毫无困难地连续航行24小时,充分显示了它的适航性,而且也表明它具有迅速击败两艘敌方鱼雷艇的能力。"哈沃克"号装有1座76毫米火炮和3座47毫米火炮,此外还携带3枚450毫米鱼雷,因此它也能像鱼雷艇一样攻击敌舰。就这样,驱逐舰这一新舰种诞生了。

鱼雷

英国早期驱逐舰"飞鱼"号

不断改进继续提高
引领潮流
YINLING CHAOLIU

世界上第一艘驱逐舰"哈沃克"号服役后,英国海军对它的性能很满意,决定继续建造。到1894年时已经建造了40艘,这些驱逐舰根据预定的合同航速被称为"27节舰";1896年,英国海军部又订购了28艘"30节舰",虽然这些舰的航速都没有达到要求,但其具有更好的适航性。英国人证明了一件事:在驱逐舰上装备鱼雷是明智的。他们制定了这样一个标准战术原则:驱逐舰的任务首先要击毁敌人的鱼雷艇,保护己方的大型战舰,其次是利用航速的优势,用鱼雷对敌方的大型战舰发动攻击。虽然在随后几年中,英国海军仍在继续建造鱼雷艇,但很多人都认为驱逐舰可以替代鱼雷艇的作用,鱼雷艇将逐渐退出历史舞台。

皇家海军在使用驱逐舰的过程中也发现了一些问题,较重要的一条就是舰上的生活和居住条件太差。为了给驱逐舰招来优秀的官兵,皇家海军不得不规定给在驱逐舰上服役的官兵增发"辛苦费"——在困难条件下工作的额外津贴。

英国海军"毛利人"号驱逐舰

一战时期英国海军"闪电"号驱逐舰

德国其实在驱逐舰建造上起步并不比英国晚,早在1886年12月,德国就建成了一艘称为"分队艇"的D1号大型鱼雷艇,该型艇的最后一艘D10号与英国的"27节舰"十分相似。1899年,德国的"公海"型大型鱼雷艇S90号下水,它装有3座50毫米火炮和3具450毫米鱼雷发射管。航速可达26.4节,并能以12~14节的航速连续航行12个小时。这实际上是德国的第一艘驱逐舰。

美国海军于1898年批准了建造16艘驱逐舰的计划,并将这些驱逐舰分成四个型号。美国驱逐舰采用了升高的首楼设计,在风浪中舰首不易埋入水中,因而可以保持更长时间的高航速,同时在首楼增加了居住舱室,改善了居住条件。

经过不断的改进和提高,英国海军建造了"江河"级驱逐舰,标志着驱逐舰已发展成为一种真正的舰队护航舰艇,它能在各种气候条件下伴随舰队出海。

由于舰体加大和增加了军舰的上层建筑,"江河"级在远洋上仍能保持25节的航速。该级舰在1902—1907年间建造了37艘。

"无畏"号战列舰旁驶过的一艘英国早期驱逐舰

"哈沃克"号及其姐妹舰的出现引起了法国人的密切关注。法国意识到驱逐舰可使其庞大的鱼雷艇队失去威慑力。他们所能做的一切就是效法英国人,建造自己的驱逐舰。1899年,法国第一艘驱逐舰"迪朗达尔"号下水试航,排水量约300吨,尺寸与"哈沃克"号差不多,并装有功率更大的主机,但它的速度并不比"哈沃克"号快。在以后的8年中,法国建造了54艘类似舰型的驱逐舰。

第一次世界大战时期英国海军"小仙王号"驱逐舰

美国"克莱姆森"级驱逐舰

驱逐舰打响第一炮

"一战"风云

YIZHANFENGYUN

1914年,第一次世界大战爆发。作为一个新舰种,驱逐舰将在残酷的大战中接受血与火的考验。海上主要交战方英国和德国都有强大的海军力量,而且在战前都制定了与对方在海上进行主力舰队决战的计划,但开战后,双方都没有轻易用自己的主力战舰去冒险,因为战列舰、战列巡洋舰等主力战舰造价昂贵,损失不起,双方不约而同地想到了用驱逐舰等轻型舰艇去争夺北海的制海权。海战的第一炮是1914年8月5日由英国"长矛"号驱逐舰打响的,该舰与另一艘驱逐舰"兰德费尔"号击沉了一艘德国布雷舰,此时距英德宣战只有13个小时。

第一次世界大战时期俄国"统治者"级驱逐舰

赫尔戈兰湾海战中,驱逐舰首次发挥了重要作用。当时德国部署在赫尔戈兰湾中的轻型舰艇经常出动袭扰英国舰队。为消除德国海军的威胁,英国海军决定派出潜艇和驱逐舰队突袭赫尔戈兰湾。德军虽然摸清了英军的意图,却主观地认为赫尔戈兰湾易守难攻,英国海军不会派大型战舰来冒险,只用轻型舰艇和巡洋舰就足以打败英国人的进攻。结果率先出击的英国驱逐舰队奋勇苦战,顶住了占优势的德国巡洋舰的轮番进攻,一直坚持到猛将贝蒂所率的五艘战列巡洋舰赶到战场,将德国巡洋舰荡平,得胜而归。

"一战"时期英国驱逐舰"胜利者"号

"一战"时期英国驱逐舰"狼獾"号

此战德国三艘巡洋舰和一艘驱逐舰沉没，另有一批舰艇被重创，损失1242人（包括一名海军少将），而英国没有一艘舰艇沉没，只有35人战死，40人受伤。后来，英德双方的驱逐舰又参加了著名的日德兰大海战，但都没取得什么像样的战绩。实战经验表明，驱逐舰作为护航舰艇是胜任的，但担当突击兵力，它们无法突破战列舰和巡洋舰的协同防御。直到德国发动了无限制潜艇战后，人们才认识到驱逐舰在反潜作战中的巨大作用。从此，战列舰编队里总有担任警戒的驱逐舰在一起行动，而商船也同样需要驱逐舰进行掩护。英国在1917年5月组成护航队，每艘驱逐舰都被当作反潜护航舰艇使用。

驱逐舰在第一次世界大战期间已经成为真正的"多面手"。各国海军均毫无例外地认为，驱逐舰在战争中发挥了不可替代的重要作用。驱逐舰能够布雷、扫雷，能够为运输船队和舰队提供反潜支援，能够搜索敌潜艇，能够攻击敌海上运输线，能够炮击敌人地面目标，而且驱逐舰还有鱼雷攻击能力，是舰队作战中不可缺少的支援力量。驱逐舰的舰体和排水量也进一步增大，航程大大提高，装备也得到了加强，德国甚至建造了排水量达2000吨的超大型驱逐舰。

"一战"时期英国驱逐舰"鳐鱼"号

两次世界大战之间

提高性能

TIGAO XINGNENG

英国"哥萨克"号驱逐舰

日本"吹雪"号驱逐舰

第一次世界大战结束后,世界大部分国家都中止了海军武器建造计划,只有意大利和日本仍在执行战时扩军方案。因此,除意大利和日本外,世界各国海军在"二战"中使用的驱逐舰很大一部分均为"一战"结束时建造的。

1927年,日本建造了"吹雪"级驱逐舰,使驱逐舰的性能又跃上一个新的高度。该舰装有3座双联装127毫米口径主炮。而且该舰主炮仰角可达75度,能十分有效地实施对空射击。舰上装有9具鱼雷发射管,综合火力十分强大。动力系统使用柴油发动机,最高航速达38节。当时美国、英国、意大利和德国海军普遍使用直径533毫米的鱼雷,而日本海军已开始装备直径610毫米的重型鱼雷。1933年,日军装备了93式远程氧气鱼雷,航速为49节,最大航程达22 000码,为当时美国鱼雷的3倍多。

美国"二战"时期的驱逐舰　　　　　　　　法国"可怖"号驱逐舰

在欧洲，由于受到20世纪二三十年代签订的海军限制条约的影响，驱逐舰的建造走向了两个极端。

法国"一战"结束后缴获了德国的S-113型驱逐舰，很受启发，建造了一系列的"超级驱逐舰"。在这种思想的指导下，20世纪30年代末，法国建造了"莫加多尔"号驱逐舰。该舰排水量超过4000吨，装有4座双联装140毫米炮和10具鱼雷发射管。该舰的火力甚至超过了英国同时期建造的"阿雷苏萨"级轻巡洋舰。

在第二次世界大战期间，美、英两国经常将法国驱逐舰称为轻巡洋舰。

当时订立的海军军控条约对600吨以下的舰艇并未做出限制，意大利首先利用这一漏洞，开始建造600吨左右的小型驱逐舰。尔后，其他国家也纷纷追随。"二战"中的实战表明，这种"增大版"的鱼雷艇通常都有过载的弊病，很容易在气象复杂的海面上倾覆，而且作战效能也远远不如真正的驱逐舰。

美国第一次世界大战时建造的驱逐舰已全部过时，新型驱逐舰直到20世纪30年代中期才出现。1930年的《伦敦海军条约》将驱逐舰的排水量限制为1500吨，美国当时紧守这一规定，不敢有丝毫越轨。直到有关条款将上限放宽为3000吨后，美国驱逐舰的排水量才开始增加。

美国驱逐舰的设计思想比较强调航程远，主要是为准备在浩瀚的太平洋上与日本海军作战。美军在第二次世界大战前建造的驱逐舰装有5门127毫米口径主炮，鱼雷发射管的数量逐渐从8具增加到16具。从1939年开始，美国开始大量建造驱逐舰，基本配置没有什么变化，只是鱼雷发射管减少到10具。

驱逐舰鏖战大西洋
血与火的考验
XUE YU HUO DE KAOYAN

第二次世界大战爆发时,驱逐舰作为一种机动灵活的多用途战舰已经成为各国海军的主战舰艇。

驱逐舰的首次作战行动发生在1939年9月3日,即德国入侵波兰后的两天。在此次战斗中,波兰"暴风"号驱逐舰将德国舰"马斯"号击伤。两周之后,9月14日,英国航空母舰"皇家方舟"号在4艘驱逐舰的护航下,正在西部沿海地区巡逻。突然,德国"U-39"号潜艇齐射了4枚鱼雷,但没有击中航空母舰。而驱逐舰的声呐捕获到了潜艇的回声,4艘驱逐舰同时猛扑过去,经过短暂的战斗,德国潜艇被摧毁,首开了第二次世界大战反潜战的纪录。此后,参战各国的驱逐舰执行了一系列各种各样的作战任务。德国驱逐舰在大西洋水域执行布雷和袭击商船的任务;英国驱逐舰则主要实施反潜作战,还为舰队提供护航并运送参战部队渡过英吉利海峡。

法国"可怖"号驱逐舰

美国二战时期"弗莱彻"级驱逐舰

特别值得一提的是英国驱逐舰在敦刻尔克大撤退中的表现。从敦刻尔克撤退下来的英法两国部队，若没有驱逐舰的支援是无法到达英国的。在总共338 226人的部队中，有103 399人是由驱逐舰运送的，运送能力仅次于客船和海峡渡轮。英国驱逐舰在多佛和敦刻尔克之间用两条航线高速往返，最大限度地减少运送时间。而且在对付德国鱼雷艇和海岸上的德军装甲部队的攻击中，在滩头侧翼的掩护和防卫中，驱逐舰都发挥了极其重要的作用。

盟国的驱逐舰还担负着反潜护航的繁重任务。由于德国潜艇采用了极具威胁的"狼群"战术，从美国横渡大西洋向英国运送物资的航线变得非常危险，经常有商船被潜艇击沉；运送援苏物资的商船同样遭受了德国海空军的联合攻击而损失惨重。这一切迫使盟国使用大量驱逐舰组成专门的护航编队以保护商船的安全。

敦刻尔克撤退后，英国仅有74艘驱逐舰能用于作战，数量根本不够，不得不把自己的海外基地租给美国99年，换取美国的50艘旧驱逐舰以应急。而在向轴心国宣战前，美国海军驱逐舰实际上已经投入战斗，帮助英军侦察德国潜艇。

德军在波兰战役中的海上战斗

第二次世界大战时德军的U型潜艇

1941年9月，罗斯福总统发出了对德国潜艇"一旦发现立即射击"的命令。一个月后。美国海军开始在战区执行为船队护航的任务。美英两国联手，沉重地打击了德国潜艇的嚣张气焰，最终赢得了大西洋反潜战的胜利。1944年6月6日，诺曼底登陆战中，驱逐舰负责为登陆部队提供近距火力支援，有效地打击了德军火力点。

第二次世界大战时期英国"昆汀"号驱逐舰

美日驱逐舰的对垒

血战太平洋

XUEZHAN TAIPINGYANG

1941年12月日本偷袭珍珠港，使第二次世界大战成为真正的"世界大战"。美日两国驱逐舰的任务与欧洲战场基本相同，但由于太平洋水域广阔，执行这些任务更加困难。

由于出动次数频繁，驱逐舰的损失还是相当惨重的。第二次世界大战中，日本海军共有120多艘驱逐舰投入战斗，到战争结束时只剩下11艘。由于驱逐舰防护力较弱，所以抗打击能力不如巡洋舰或战列舰，舰上官兵伤亡也较多。在威克岛战役中，日本的"疾风"号驱逐舰成为"二

美军驱逐舰

战"中第一艘被美军击沉的战舰。美国海军陆战队炮兵对"疾风"号进行了三次齐射，"疾风"号随即爆炸解体，舰上168名官兵无一幸存。约一小时后，美海军战斗机击中了日本"如月"号驱逐舰的深水炸弹滑轨，引发了大爆炸。这艘驱逐舰被炸沉，舰上150名官兵全部丧生。

日军驱逐舰队的战术是：避免白天作战，尽可能在夜间出击。战斗一开始，在敌人还未发现自己之前，先向敌舰艇发射数十枚性能出众的远程鱼雷。这必然会造成敌舰队的混乱，日军便趁机冲向敌舰，并将其击沉。这一战术在初期的海战中屡屡奏效，使美军损失惨重。随着美军对日军战术的熟悉以及雷达等先进设备装舰使用，美军逐渐挽回了在海战中的劣势。这一过程明显地体现在所罗门群岛海域中发生的一系列海战中。

日本海军"雪风"号驱逐舰

1942年夏末，美国海军陆战队在瓜达尔卡纳尔岛登陆，为争夺战略要地所罗门群岛的控制权与日军展开了激战。战役中，美、日两国海军官兵表现出了世界一流的水准。初期，日军凭借战术优势，给予美海军重创，如在第一次萨沃岛海战中，日军巡洋舰和驱逐舰组成的舰队突袭美军舰队，共击沉美军4艘巡洋舰，日军毫发无伤。但随后在该水域发生的一系列夜战中，美军接连取胜。双方共有数十艘舰艇沉没在这片水域，此处因此被称为"铁底湾"。战役中，日军创造性的使用驱逐舰，向瓜岛运送了大量物资和兵源补给，美军因此送给这些日本驱逐舰以"东京快车"的绰号，足见日军驱逐舰的巨大作用。

美军驱逐舰在战斗中同样有着卓越的表现。

在1944年的萨马岛海战中，一支美军护航航母编队遭到日军突袭。美军舰队中仅有的三艘驱逐舰抱着必死的决心向着由4艘战列舰、5艘重巡洋舰、2艘轻巡洋舰、11艘驱逐舰组成的日本舰队发动敢死攻击，最终三舰均被击沉，800余名美军官兵战死，但美军编队的其他舰只均得以脱险。

美军驱逐舰及舰上官兵为反法西斯战争的胜利做出了巨大贡献。

经现代化改装的英国海军"部族"级驱逐舰

描绘第二次世界大战日本驱逐舰编队航行的美术作品

大战之后的驱逐舰快速发展

KUAISU FAZHAN

俄罗斯"现代"级驱逐舰

英国42型驱逐舰

第二次世界大战结束后,驱逐舰装备过剩。各国的重点都放在不断通过新技术来改装旧式驱逐舰以提高其战斗力,而新设计建造的驱逐舰数量不多。航空母舰成为水面舰艇中的霸主,其舰载机强大的攻击能力使水面舰艇的防空压力倍增,因而各国对驱逐舰的改装以提高防空能力为主。第二次世界大战后,世界各国都没有建造战列舰,巡洋舰建造的数量也很少,驱逐舰成为重点发展的对象。

20世纪60年代以来,随着飞机与潜艇性能提升(尤其是喷气式飞机与核动力潜艇)以及导弹的晋级应用,对空导弹、反潜导弹被逐步安装到驱逐舰上,舰载火炮不断减少并且更加轻巧。1967年以色列海军"埃拉特"号驱逐舰被反舰导弹击沉,攻击水面舰艇的任务又成为驱逐舰的重要任务。燃气轮机开始取代蒸汽轮机作为驱逐舰的动力装置。为搭载反潜直升机而设置的机库和飞行甲板也被安装到驱逐舰上。为控制导弹武器以及无线电对抗的需要,驱逐舰安装了越来越多的电子设备。

20 世纪 70 年代以来，作战信息控制以及指挥自动化系统、灵活配置的导弹垂直发射装置、用来防御反舰导弹的小口径速射炮，开始出现在驱逐舰上，驱逐舰越发地复杂而昂贵了。只有英国试图降低驱逐舰越来越大的排水量以及造价，但效果并不好，其新建的 42 型驱逐舰有五艘参加了英阿马岛战争，其中两艘被击沉。而美国的"斯普鲁恩斯"级驱逐舰、苏联的"现代"级驱逐舰、"无畏"级驱逐舰继续向大型化发展，它们的标准排水量达到 6000～8000 吨，满载排水量甚至超过万吨，这已经是第二次世界大战中巡洋舰的水平了。

现代化驱逐舰装备有防空、反潜、对海等多种武器，目前已经成为世界各国海军的主力，既能担任作战编队的防空、反舰、反潜等护卫任务，又能进行对陆攻击，而且还可以执行巡逻、警戒、侦察、海上封锁和海上救援等任务，是名符其实的"海上多面手"。

日本"日向"级直升机驱逐舰

随着驱逐舰舰体空间增大，舰上条件逐步改善，舰员们也不再像前辈那样，在简陋而狭窄、颠簸剧烈的舱室中用他们的英勇和胆量经历艰苦的磨难，而是在舒适的封闭舱室中值勤，利用自动化技术操纵他们的战舰。驱逐舰从过去一个力量单薄的小型舰艇，已经成为一种多用途的中型军舰，除了名称留下一点痕迹之外，驱逐舰已经失去了它原来短小、精悍、灵活的特点。

美国"斯普鲁恩斯"级驱逐舰

关键技术 水面下的激烈较量

搜潜与攻潜

SHOUQIAN YU GONGQIAN

驱逐舰的重要任务之一就是反潜，因此要求驱逐舰上装备的反潜系统性能先进而有效，能够对付驱逐舰服役期中在役的先进潜艇。现代化驱逐舰的反潜系统一般由以下部分组成：反潜声呐、反潜武器以及舰载反潜直升机。

要想完成反潜任务，最重要的是搜索并发现潜艇，这就要靠专用设备——声呐。声呐是英文缩写"SONAR"的音译，其含义为"声音导航与测距"，是一种利用声波在水下的传播特性，通过电声转换和信息处理，对水下目标进行探测、定位和通信的电子设备。声呐的工作方式可分为主动声呐和被动声呐，主动声呐的工作原理和雷达类似，通过主动发射声波并接收反射声波以发现潜艇；而被动声呐则是通过收听敌潜艇的噪音而发现它。按装舰的方式可分为舰壳声呐、拖曳声呐。舰壳声呐一般装在驱逐舰前部水下的壳体上。拖曳声呐是指在使用时通过缆线拖在舰体后面一段距离进行探测，用完后收回的声呐，这种声呐在探测时可以避开舰艇发动机噪音的干扰。目前比较先进的声呐包括美国的AN/SQC-53C舰壳声呐、AN/SQR-19拖曳声呐等型号。

EH101舰载直升机编队飞行

发现敌方潜艇就要攻击并摧毁它,这就要靠驱逐舰上的反潜武器了。这些反潜武器包括深水炸弹、反潜鱼雷和反潜导弹等。深水炸弹,顾名思义就是可在水下一定深度爆炸的炸弹,通过爆炸的威力和水下冲击波摧毁潜艇,但这种武器无制导,命中率不高。目前比较有效的反潜武器是反潜鱼雷,它一般采用声自导方式,靠敌潜艇的噪音追踪目标并最终摧毁之。目前世界上先进的反潜鱼雷包括美国的MK46、MK50型,法国和意大利联合研制的MU90、意大利的A244S等型号。反潜导弹实际上是用火箭将反潜鱼雷发射到潜艇活动的海域,又名火箭助飞鱼雷,已经列装的反潜导弹有美国的阿斯洛克、俄罗斯的SS-N-14、澳大利亚的"伊卡拉"等型号。

SH-60"海鹰"舰载直升机

舰载反潜直升机实际上是一种反潜平台,本身可安装吊放式声呐、声呐浮标和磁探仪及雷达等多种搜潜设备,还可搭载深水炸弹、反潜鱼雷等各种反潜武器,能快速飞至潜艇活动的海域单独进行搜潜与攻潜,也可与载舰配合共同完成反潜任务。与驱逐舰相比,它具有速度快、搜索范围大等优势。目前世界上先进的反潜直升机包括美国SH-60B、俄罗斯的卡-27、欧洲的EH-101等型号。

法国和意大利联合研制的MU90反潜鱼雷

美国MK50反潜鱼雷

俄制卡-27型舰载直升机

剑指苍天其锷未残

防空系统

FANGKONG XITONG

标准2型防空导弹

中国新型舰载雷达

驱逐舰的另一个重要任务是防空。在第一次和第二次世界大战时期,由于当时的飞机采用活塞式发动机和螺旋桨为动力,速度和性能都不高,因此当时的防空武器主要是各种口径的高射炮。从"二战"后期开始,随着喷气式飞机的出现,其性能大幅度提高,攻击威力也大大增加,使得水面舰艇的防空形势日益严峻,提高驱逐舰的防空能力刻不容缓,为此人们为驱逐舰研制了以雷达为核心的现代化防空系统。

现代化的防空系统包括雷达和与之配套的防空武器。早在1940年,美国的部分驱逐舰就已经装备了雷达。20世纪50年代后,大多数驱逐舰都装备了雷达。目前驱逐舰所装备的雷达主要有炮瞄雷达、对空/对海警戒雷达和导弹制导雷达。随着科技水平的发展,驱逐舰又装备了新型的三坐标雷达和相控阵雷达。这些新型雷达既能担负警戒任务,又能为武器系统指示目标和对舰载直升机导航,成为舰艇作战指挥系统中的重要设备。

发射中的"标准"防空导弹

"二战"时德军舰装备的37毫米高射炮

目前,各国海军十分重视对电子干扰和掠海飞行反舰导弹的防御,应用了频率捷变、单脉冲跟踪、脉冲压缩、动目标显示、脉冲多普勒、多目标跟踪,数字技术和光电技术(电视、红外、激光)等先进技术成果,先后研制并装备了一些抗干扰性能好、具有探测低空飞机和掠海飞行反舰导弹能力的新型雷达。

美国"阿利·伯克"级导弹驱逐舰上装载的AN/SPY-1D型相控阵雷达是现代先进舰载雷达的代表,它的反应速度快,主雷达从搜索方式转为跟踪方式仅需0.05秒,能有效对付作掠海飞行的超音速反舰导弹;它的抗干扰性能也很强,可在严重电子干扰环境下正常工作;它还可以综合指挥舰上的各种武器,同时拦截来自空中和水面的多个目标,还可对目标威胁进行自动评估,从而优先摧毁对自身威胁最大的目标。

高射炮作为驱逐舰的主要防空武器的时代早已成为过去,目前驱逐舰的主要防空武器是与雷达配套的防空导弹。

防空导弹按其射程可分为远程、中程和近程防空导弹。比较先进的远程防空导弹包括美国的标准2型、俄罗斯的"里夫"等防空导弹,射程均在100千米以上。世界上先进的防空导弹还包括法国的"紫苑15"、"紫苑30"、美国的"海麻雀"、中国的"海红旗-9"等型号。另外值得一提的是美国的标准3型舰载反弹道导弹,它是美国海基战区导弹防御系统的重要一环,用来拦截中、远程弹道导弹,韩国和日本的驱逐舰也将装备该型导弹。

对舰对陆火力突击

一击必杀
YIJI BISHA

舰炮和鱼雷是驱逐舰对付海上和陆地目标的传统武器。随着技术的发展,导弹已经成为驱逐舰攻击海上和陆地目标的主要手段。相对于舰炮而言,导弹具有射程远、命中率高、威力大等特点。

目前世界上先进的反舰和对陆攻击导弹主要包括以下几种。

"战斧"巡航导弹 该导是美国海军最主要的对陆攻击武器,该弹长6.17米,直径0.527米,翼展2.62米,发射重量为1452千克。采用惯性制导加地形匹配或卫星全球定位修正制导,射程450～2500千米,飞行时速约800千米,命中精度约10米。目前该型导弹装备在美国"阿利·伯克"级导弹驱逐舰上。在海湾战争、空袭南联盟以及对伊拉克作战中,美国均使用了舰载的"战斧"巡航导弹。

法国"飞鱼"反舰导弹 "飞鱼"导弹是法国研制的一种高亚音速掠海飞行的反舰导弹,有空射型、潜射型、舰舰型和岸舰型等多个型号。

发射反舰导弹

法国"飞鱼"反舰导弹

"飞鱼"导弹最新的舰对舰型号为 MM40,射程 70 千米,战斗部重 165 千克,飞行速度为 0.82 倍音速。该系列导弹因在马岛战争中一发击沉英国"谢菲尔德"号驱逐舰而名声大振,后来又多次参加实战,均有不俗表现。

俄罗斯"白蛉"超音速反舰导弹 该型导弹是世界上第一种使用整体式组合冲压发动机的实用型超音速反舰导弹,北约给该导弹的代号为 SS-N-22 "日炙",俄罗斯自己的编号为 3M-80。其射程 120 千米,战斗部重 320 千克,飞行速度 2.3 倍音速。该型导弹最大的特点是飞行速度快,留给敌方舰艇防御的时间很短,因而突防能力和生存能力强。目前该弹装备在俄罗斯"现代"级导弹驱逐舰上。

中国 C802 型反舰导弹 该型导弹又称为"鹰击-2"型,是中国研制的一种中远程高亚音速掠海飞行的反舰导弹,有空舰型、舰舰型和岸舰型等多个型号,其射程为 120 千米,战斗部重 165 千克,飞行速度 0.9 倍音速。

外国军事专家参观了 C802 导弹后,认为它的威力、命中精度和抗电子干扰能力要强于法国的"飞鱼"导弹。C802 不仅装备了中国海军,还出口到孟加拉国、巴基斯坦和泰国等国家。

虽然导弹已经成为驱逐舰对海对陆的主要攻击手段,但传统的舰炮并未被淘汰,因为舰炮具有备弹量大、射速高、弹药价格便宜等优点。为了提高舰炮的命中率,美、英、法、俄等国均在研制制导炮弹。目前,美军已经装备了 ERGM 增程制导炮弹,射程 117 千米,法国也已经研制了"红利"和"鹈鹕"两种制导炮弹。而驱逐舰装载的鱼雷目前更多的是用于反潜,反舰已经是它的次要使命了。

俄罗斯 3M-80 "白蛉"超音速反舰导弹

中国 C802 反舰导弹

战斧巡航导弹

坚守最后一道防线
近防系统
JINFANG XITONG

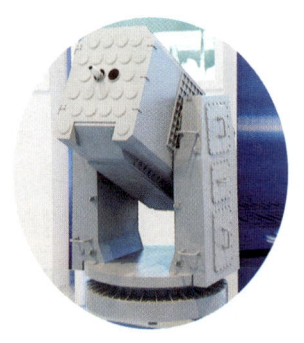

中国FL-3000N近防系统

中国海730近防系统

荷兰"守门员"近防系统

　　反舰导弹对包括驱逐舰在内的水面舰艇形成了巨大威胁。为了对付这种威胁，人们研制了近程防御武器系统，简称"近防系统"。这是一种装设在舰艇上，用来侦测与摧毁逼近的反舰导弹或有威胁飞行物，进行舰艇近身防卫的武器系统，可以说是舰艇的最后一道防线。世界上先进的近防系统包括几种。

　　美国"密集阵"近防系统　该系统已经生产了800多套，装备了美国海军绝大部分舰艇，另外还出口到20多个国家。它使用6管20毫米M61A1机关炮，发射脱壳穿甲弹，射速3000～4500发/分钟，备弹989发，射程1500米，整个系统重5625千克，搜索跟踪雷达工作于Ku波段。

　　美国"海拉姆"近防系统　该系统采用"密集阵"系统的传感器，用11枚"拉姆"导弹取代了M61A1机关炮，进一步扩大对掠海导弹的拦截距离。"拉姆"导弹最大飞行速度超过2倍音速，机动过载大于20克，射程约10千米，可有效打击反舰导弹、飞机和直升机。

美国"密集阵"近防系统

俄罗斯"卡什坦"弹炮合一近防系统

俄罗斯"卡什坦"弹炮合一近防系统 是世界上唯一将火炮、导弹和一体化雷达、光电火控系统集成在一起的近防系统。该系统采用2门6管30毫米机关炮,射速10 000发/分,备弹1000发;另有8枚SA-N-11型防空导弹,射程10千米。该系统结合了导弹射程远和机关炮射速高的优点,可有效对付各种反舰导弹。

荷兰"守门员"近防系统 该系统由荷兰信号公司研制,采用7管30毫米GAU-8机关炮,可发射高爆弹和穿甲弹,射速4200发/分钟,备弹1190发,射程3000米,整个系统重6372千克。该系统可以同时跟踪18个目标并选择最有威胁的目标射击。使用该系统的有荷兰、英国、韩国、智利等国家。

中国海730近防系统 该系统采用国产H/PJ12型7管30毫米机关炮,射速4200～5800发/分,备弹1000发,射程3000米,整个系统重8000千克。该系统采用雷达和光电双重搜索和跟踪装置,抗干扰能力强,美国对其评价甚高,认为其性能超过"密集阵"系统。目前该系统已经装备了中国海军新型导弹驱逐舰。

中国FL-3000N近防系统 该系统重量轻、反应快、制导精度高,所使用的导弹具有被动雷达与红外成像两种制导模式,最大射程10千米,可轻松击落来袭导弹。该系统备弹24枚,具备多发齐射能力,可同时对抗多个目标的饱和攻击,能够满足当前和未来战争中舰艇自卫的需要。

美国"海拉姆"近防系统

驱逐舰的坚强心脏
动力装置
DONGLI ZHUANGZHI

由于诞生较晚,驱逐舰没有赶上风帆动力的年代,而是直接使用蒸汽动力。舰用蒸汽动力装置有两种,一种是往复式蒸汽机,一种是旋转式蒸汽轮机。

往复式蒸汽机早在19世纪中叶后就比较广泛地在各国舰艇上使用。

1893年10月,英国皇家海军鱼雷艇驱逐舰"哈沃克"号下水,这是世界上第一艘真正意义上的驱逐舰,它采用的动力装置就是往复式蒸汽机,功率为3500~4000马力(1马力≈736W),设计航速27节。

1900年,第一艘蒸汽轮机驱动的战舰——英国皇家海军"蝮蛇"号驱逐舰服役。稍后服役的还有英海军驱逐舰"眼镜蛇"号,两舰蒸汽轮机的功率均为10 000马力。

蒸汽轮机在功率密度和热效率方面明显优于往复式蒸汽机,因此在20世纪30年代,迅速取代往复式蒸汽机,成为驱逐舰的主流动力。

20世纪初,出现了舰用内燃机,包括舰用汽油机与柴油机。

采用电力推进的英国45型驱逐舰

破浪前行的国产驱逐舰

舰用蒸汽轮机

GT2500燃气轮机

柴油机由于在功率输出和安全性上比汽油机更有优势，在30年代以后逐渐用在驱逐舰以及更大型的舰艇上，但其输出功率比不上蒸汽轮机，还不能满足驱逐舰高航速的要求，只能与蒸汽轮机混装，作为驱逐舰巡航的动力以节省燃油。

20世纪50年代，舰用燃气轮机异军突起，打破了蒸汽轮机一统天下的局面。相比以往的其他动力装置，燃气轮机具有体积小、重量轻、启动迅速、热效率高、安装布置灵活、操纵控制容易、单台功率满足使用要求等优点，迅速取代蒸汽轮机成为驱逐舰的主要动力装置。20世纪70年代以后建造的驱逐舰，几乎都是以燃气轮机作为主机。同时为了解决燃气轮机在低速运行时油耗较大的缺点，柴油机仍然在驱逐舰的动力装置中占有一席之地。较先进的燃气轮机包括美国的LM2500、英国的"太因"、"斯贝"等型号。

从发展趋势看，最先进的舰艇动力装置当属电力推进装置。所谓电力推进装置，即是以柴油机、燃气轮机等带动发电机产生电能，再由电动机推动舰艇前进。

电力推进装置有以下优点：一是噪音小，可以提高舰艇的声隐身特性；二是可减少动力装置的复杂程度，电动机能实现无级变速，省去了机械推进装置的变速机构，节省空间，提高舰艇的操纵性。另外，激光武器、电磁炮、微波武器等新概念高能武器发展迅速，已逐步实用化，这些武器都需要大量的电力，舰艇上必须安装大型发电设备，因此驱逐舰采用电力推进是顺理成章的事。目前英国最新型的45型驱逐舰已经采用了电力推进装置。

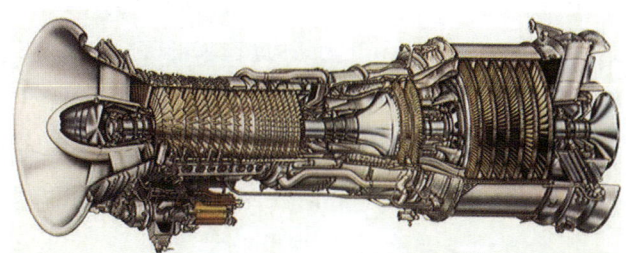
LM2500燃气轮机剖面图

百花齐放　各有千秋
导弹垂直发射系统
DAODAN CHUIZHI FASHE XITONG

为了完成多种任务，驱逐舰上装备的导弹多种多样。过去，每种导弹都有自己的发射装置，这些发射装置多采用倾斜式布置，因而给驱逐舰总体布局的设计带来了较大影响。同时这些老式的发射装置在载弹量和发射速度上均不能满足现代战争的要求，而且在海况复杂的情况下，向发射装置里再装填导弹也很困难。

导弹垂直发射方式与倾斜式发射相比有以下优点：一、取消了复杂的装填装置，可靠性高；二、可以实现全方位360度发射，没有火力死角；三、可以同时发射多枚导弹，不需装填，发射时间间隔短，抗饱和进攻能力强；四、垂直发射装置安装在甲板下面，重心低，提高了军舰的稳定性；五、同样是因为安装在甲板下面，减少了军舰表面的突出物，提高了军舰的隐身性；六、占用甲板面积小，提高了载弹量；七、不同种类导弹可以共用一种发射装置，提高了舰艇的标准化水平，有利于舰艇总体布局的设计工作。

中国"海红旗-9"舰空导弹垂直发射系统

俄罗斯"道尔"舰空导弹垂直发射系统

俄罗斯"里夫"舰空导弹垂直发射系统

经过20多年的发展，导弹垂直发射系统已经成为世界海军装备的主流。目前，各国海军装备的这类系统大概有10多种，从发射方式上可以分成冷发射和热发射两类。

采用热发射方式的有美国的MK41、MK48垂直发射系统、英国"海狼"、法国"紫苑"导弹的垂直发射系统。这种发射方式的特点是导弹在发射装置内直接点火，不需要借助外力起飞，但是这种发射方式因为要产生大量的高温、高速、高压的燃气流，必须配备燃气排放装置，而且对发射装置和燃气排放装置的烧蚀严重，因此热发射系统在设计上要求更苛刻、使用寿命有限，而且维护、保养也相对较困难，费用较高。

俄罗斯的"里夫"、"道尔"、中国的"海红旗-9"等舰空导弹的垂直发射系统采用的是冷发射方式。这种发射方式的特点是导弹在发射筒内不直接点火，而是借助导弹发射筒底部的燃气发生器产生高压燃气，高压燃气推动活塞，活塞再将导弹弹射出发射筒，当导弹的弹射高度达到20米左右时发动机点火，开始朝预定目标飞行。

采用冷发射方式的系统设计简单，不需要燃气排放装置，由于没有热发射那样的燃气腐蚀，发射装置的使用寿命也较长，维护、保养相对容易，费用也比热发射方式低廉。

值得一提的是美国的MK41型导弹垂直发射系统，该系统采用模块化设计，可以发射"战斧"、"阿斯洛克"等多种导弹，具有标准化程度高、舰上布置灵活、载弹量大、可靠性高等优点。

美国MK41导弹垂直发射系统

传统的倾斜式导弹发射装置

经典战例 皇家海军首战告捷

赫尔戈兰湾海战
HEERGELANWAN HAIZHAN

远眺赫尔戈兰湾

赫尔戈兰湾海战中的英国舰队

第一次世界大战爆发后,德国大洋舰队集结在赫尔戈兰湾内的威廉港。由于实力不及英国海军,德国人在赫尔戈兰湾内布下水雷并派轻型舰艇巡逻,防止英国人袭击。

不久,英国人发现德国人逐步扩大巡逻防区,甚至偶尔深入多格尔沙洲一带侦察或追击英国舰艇。崇尚进攻精神的皇家海军决定以潜艇为诱饵,以蒂里特准将指挥的2个驱逐舰分队(辖2艘轻巡洋舰和31艘驱逐舰)为突击兵力杀入赫尔戈兰湾,以贝蒂中将率领的5艘战列巡洋舰及古德诺准将指挥的6艘轻巡洋舰为掩护,引出巡逻的德国驱逐舰分队并以优势兵力歼灭之。

1814年8月22日清晨,赫尔戈兰湾大雾弥漫,战斗准时打响。英国潜艇向德舰发射鱼雷,德国人果然上当,第1驱逐舰分队展开队形搜索英国潜艇。早已埋伏在附近的蒂里特舰队从迷雾中突然杀出,开始攻击德舰。

赫尔戈兰湾海战中的英国驱逐舰

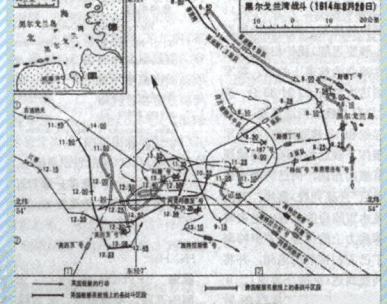

赫尔戈兰湾海战态势图

赫尔戈兰湾海战的英雄贝蒂

负责掩护驱逐舰的德国轻巡洋舰"斯德丁"和"弗劳恩洛布"号及德国第5驱逐舰分队也闻讯赶来支援，双方展开一场势均力敌的炮战。蒂里特的旗舰"林仙"号在与德国轻巡洋舰的对决中被重创，但英舰反击也使"弗劳恩洛布"号受伤不轻，只得在"斯德丁"号的掩护下向湾内撤退。英国驱逐舰立即分头围攻德国驱逐舰，随即将德第5驱逐舰分队的旗舰V187号击沉。可好景不长，在赫尔戈兰湾内巡逻的其他7艘德国轻巡洋舰赶到战场，双方力量对比发生逆转，胜利的天平逐渐倾向德国人。

就在蒂里特逐渐招架不住的时候，古德诺接到告急电报即刻杀到，首先将蒂里特舰队从危机中解救出来，当时已有三艘英国驱逐舰被重创。紧随其后，贝蒂中将的战列巡洋舰不顾水雷和德国潜艇的威胁，全速闯进赫尔戈兰湾，这5艘巨舰的加入使战场态势发生根本性转变，德国轻巡洋舰"美因茨"号在蒂里特和古德诺的联合打击下沉没，"科隆"号和"阿里阿德涅"号则被贝蒂截住，随即被英国战列巡洋舰的重炮轰成碎片。英国舰队得手后并不恋战，迅速撤离。当德国战列巡洋舰赶到现场时，英国人早已踪迹全无。

赫尔戈兰湾海战是第一次世界大战中第一次海上舰队交战，是役德国海军损失3艘轻巡洋舰和1艘驱逐舰，另有多舰受重创，共计712人阵亡，318人被俘，另有132人负伤；皇家海军仅"林仙"号轻巡洋舰和3艘驱逐舰重伤，32人阵亡，55人受伤。

英国人在德国人家门口痛击德国巡逻舰队的行动，令德国海军颜面尽失。

驱逐舰撞击鱼雷艇

多佛尔遭遇战

DUOFOER ZAOYUZHAN

著名的多佛尔遭遇战发生在1917年4月20日夜间。当时,英国驱逐舰"迅速"号和"布罗克"号正在多佛尔附近巡逻。突然,他们听到了来自加来方向的炮声和火光,立即向加来方向驶去。一路上军舰保持警惕,避免中了敌人的调虎离山之计。事实上,德国人的确在耍花招,两艘德国大型鱼雷艇炮击加来以吸引英国巡逻舰艇的注意力,同时另有四艘鱼雷艇企图趁机偷袭多佛尔。

在多佛尔以东大约7海里的海面上,英国驱逐舰与前来偷袭的德国鱼雷艇不期而遇。"迅速"号和"布罗克"号发现有六艘鱼雷艇正从它们的左前方迅速散开,由于天黑,双方距离已经很近了。还未等英舰发出识别信号,这些来历不明的鱼雷艇突然开火,两艘英国驱逐舰立即进行了还击。

多佛尔海峡

空中俯瞰多佛尔海峡

"迅速"号急转向,恰好从一艘德国鱼雷艇的尾部驶过,立即向敌艇发射了一枚鱼雷。位于后面的"布罗克"号也发射了鱼雷,鱼雷击中了德国"G–85"号鱼雷艇的中部,该艇很快沉没。"布罗克"号马上改变航向冲向后面的第二艘鱼雷艇。这是德国"G–42"号鱼雷艇,它正在竭力逃跑,但是晚了。一声巨响过后,"布罗克"号猛地撞上了"G–42"号鱼雷艇。"布罗克"号的舰首撞裂了"G–42"号鱼雷艇的舷侧薄钢板,几乎将敌艇撞成两半。一些德国水兵爬上了"布罗克"号的首楼,"布罗克"号舰桥上的军官们纷纷使用个人身边仅有的自卫武器与爬上舰来的德国水兵展开了一场短兵相接的流血战斗。另一艘德国鱼雷艇从黑暗中突然冲了出来,向"布罗克"号猛烈开炮,炮弹在"布罗克"号的甲板上四处爆炸。转眼间,"布罗克"号舰的甲板上鲜血直流,四分之一的舰员非死即伤。此时,"布罗克"号舰首仍旧夹在垂死的德国鱼雷艇的壳体里,行动不得,成了一个易被击中的靶子。

最后,"布罗克"号费尽九牛二虎之力才摆脱困境。当"布罗克"号脱离敌鱼雷艇后,那艘被撞的"G–42"号艇很快沉没了。"布罗克"号开足马力试图赶上正在全力追歼敌鱼雷艇的"迅速"号,突然一发炮弹打破了它的主蒸汽管道,锅炉立刻失去了压力,它只好缓慢地航行并被迫撤出战斗。没有"布罗克"号的支援,"迅速"号也被敌艇猛烈的炮火击伤,无法全速追击敌人,两舰只好退出战斗。

这场短暂而激烈的战斗中,德国人损失两艘大型鱼雷艇,偷袭行动宣告失败。两位驱逐舰舰长在这次战斗中立功,分别被授予金十字勋章。尤其是"布罗克"号舰长伊文思,从此以后官运亨通,后来一直晋升到海军上将。

英国驱逐舰

第一次世界大战时期的英国驱逐舰

纳粹驱逐舰的坟墓
纳尔维克海战
NAERWEIKE HAIZHAN

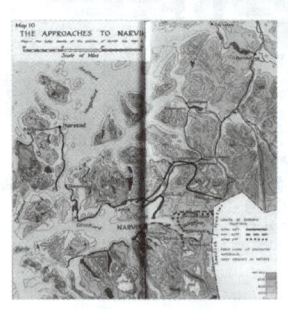

纳尔维克港口地势图

纳尔维克港

纳尔维克峡湾中翻沉的德国驱逐舰残骸

　　第二次世界大战爆发后，1940年4月9日，德国驱逐舰部队司令、海军少将邦特率领10艘驱逐舰，掩护登陆部队夺占了挪威重要港口纳尔维克。德军登岸后，邦特命5艘驱逐舰在纳尔维克港加油，另5舰分散停泊到另两处峡湾支谷，以便策应。

　　英国海军部立即电令第2驱逐舰支队指挥官沃伯顿·李上校前往纳尔维克，相机行事。侦察机将情报告诉李——港中有6艘驱逐舰和1艘潜艇。虽然德军兵力明显强于自己，李上校还是率领自己的5艘驱逐舰冒着暴风雪于10日凌晨进入佛斯特峡湾。

　　1940年4月10日4时30分，李把"急性"号、"敌意"号留在港外监视，自己率旗舰"勇敢"号、"猎人"号和"浩劫"号冲进纳尔维克港奇袭德舰。港中德舰措手不及，旗舰"Z-21"和"Z-22"被猛烈的炮火和鱼雷击沉，邦特阵亡，另外三舰也遭重创失去作战能力。助阵的"急性"号用鱼雷击沉两艘运输船。最后5艘英舰再次扫荡海港，又击毁5艘运输船。

6时，天开始放亮。李上校决定率队撤离峡湾，撤退中意外地遭到5艘德军驱逐舰的夹击。这些是停泊在另两处峡湾支谷的策应舰，此刻赶来支援。

战局突变。激战中，一发127毫米炮弹击中"勇敢"号舰桥，李上校受致命伤。即将下沉的"勇敢"号冲岸抢滩，在官兵们涉水上岸时，李上校伤重殉职。

在雾中，"猎人"号与"急性"号相撞后沉没。伤势稍轻的"急性"号在友舰支援下才死里逃生。

第一次纳尔维克海战结束了，虽然英军也损失了两艘驱逐舰，但运输船的沉没，使港中快耗尽弹药的德舰陷入困境。

4月13日11时，英国海军中将惠特沃思率"厌战"号战列舰和9艘驱逐舰闯入佛斯特峡湾。舰载水上飞机发现并击沉1艘德国潜艇。战列舰重炮和驱逐舰的鱼雷收拾掉4艘德国驱逐舰后，惠特沃思派出4艘驱逐舰依次进入狭窄的罗姆巴克斯峡湾。领先的"爱斯基摩"号刚过峡口，就被德舰鱼雷炸飞了舰首，只好掉头。另3艘英舰勇敢地与德舰交火。惠特沃思又派两艘驱逐舰助战。峡湾内剩下的德军驱逐舰，1艘触礁损毁，3艘弹尽自沉。

英舰队完成任务返航，第二次纳尔维克海战结束。此战全歼了纳尔维克的德国海军驱逐舰部队，再次显示出英国驱逐舰在强敌面前永不退却的战斗精神。

德国海军在此战中损失了半数以上驱逐舰，可用的驱逐舰只剩下个位数，而且驱逐舰部队司令阵亡，从此德国驱逐舰部队在以后的战事中再无大的作为。

海战中阵亡的德国驱逐舰部队司令邦特

纳尔维克港口中的德国驱逐舰

纳尔维克海战中的英国"部族"级驱逐舰

优势兵力反遭重创
塔萨法隆加海战
TASAFALONGJIA HAIZHAN

1942年11月，日军向瓜达尔卡纳尔岛（简称"瓜岛"）提供大规模增援的企图一再受挫后，决定派遣一支由8艘驱逐舰组成的编队，由田中赖三海军少将指挥，运载着装有补给品的铁桶向瓜岛进发。

日军行动之前，美军通过破译密码已经掌握了日舰的航线，海军少将赖特奉命率领5艘巡洋舰、6艘驱逐舰去截击日军舰队。

1942年11月30日晚，美舰编队在塔萨法隆格海峡遭遇日舰编队。21时06分，旗舰"明尼阿波利斯"号巡洋舰的雷达发现了23千米远的日舰，赖特少将将情况通报各舰，但并未做其他部署。10分钟后，前导舰"弗莱彻"号驱逐舰通过雷达判明日舰在其左前方7000米，舰长科尔中校便请求实施鱼雷攻击，但赖特认为日舰距离尚远，两人用报话机进行了长达四分钟的交换意见，赖特才相信日舰已经不远了，同意发射鱼雷。

瓜达尔卡纳尔岛

日本"阳炎"级驱逐舰

在此期间，日军的前卫舰"高波"号驱逐舰也发现了美舰编队，并通报了田中少将，田中立即命令正向瓜岛投放补给品的日军各舰准备战斗。同时，他指示各舰：此次行动的任务是运送补给品，不到万不得已不使用舰炮，尽量用鱼雷攻击。

美军发射的20条鱼雷无一命中，赖特下令开炮，集中轰击距离最近的日舰"高波"号。"高波"号中弹70多发，被击沉。美舰炮口的闪光成为日舰的最佳瞄准点，日舰对美军舰艇编队立即实施鱼雷攻击，打光了所有鱼雷。

美军旗舰"明尼阿波利斯"号中两条鱼雷，舰首被炸毁，船舱大量进水，航速锐减。在"明尼阿波利斯"号后面的"新奥尔良"号巡洋舰左舷中雷，弹药舱爆炸，失去战斗力。第三艘巡洋舰"彭萨科拉"号被一条鱼雷命中，全舰多处起火。第五艘巡洋舰"北安普顿"号被两条鱼雷击中，于次日凌晨沉没。混乱中，美军殿后的两艘驱逐舰遭到己方巡洋舰的误击而受伤。唯一幸免于难的"檀香山"号巡洋舰只得带领残余战舰撤出战斗。田中率领余下的7艘日军驱逐舰，将补给品投放完毕后从容返航。

美军事先得到情报，专程前来截击，兵力占有较大优势，又装备有雷达，而且先敌发现，处处占据上风，但赖特临战失误，贻误战机，是美军失败的主因。田中少将处置果断，以弱胜强，完成任务，但并不能改变日军最终失败的命运。

美国驱逐舰在码头补给

第二次世界大战中的美国驱逐舰

借助雷达击沉日舰

维拉湾海战
WEILAWAN HAIZHAN

维拉湾海战是太平洋战争中的一场海上战斗。在此次海战中，4艘运送兵员和补给品的日本驱逐舰在科隆班加拉岛和维拉拉维拉岛之间的水域遭遇6艘美国驱逐舰。战斗中，美军利用雷达优势击沉了3艘日本驱逐舰，而自身毫无损伤，从而取得了此次海战的决定性胜利。

1942年8月，盟军攻占瓜达尔卡纳尔岛，日军随即在所罗门群岛区域展开大规模反攻，战斗进入白热化阶段。1943年7月13日，在科隆班加拉海战胜利后，日军在科隆班加拉岛上的陆军部队已增至12 400人，主要集中在岛屿南部。为了向该岛运送补给，日本组织了"东京快车"行动，许多老式驱逐舰被改装为快速运输舰，利用夜色的掩护运送补给品，再在太阳升起前离开，这样可以有效避免遭到空袭。7月19日至8月1日，日本先后派出3次"东京快车"运输队，均取得成功。在8月2日清晨，一艘日本驱逐舰还撞沉了由未来美国总统约翰·肯尼迪指挥的"PT-109"号鱼雷快艇。

维拉湾海战中美国主力驱逐舰"弗莱彻"级

航行中的美国驱逐舰

1942年8月6日晚,日本再次派出一支"东京快车"运输队。4艘驱逐舰("荻风"号、"岚"号、"时雨"号、"江风"号)在杉浦嘉十海军大佐的指挥下,奉命运送950名士兵和补给品前往新乔治亚岛。同时,美国一支驱逐舰部队,包括6艘驱逐舰("邓拉普"号、"克雷文"号、"莫里"号、"兰格"号、"斯特勒特"号、"斯塔克"号),在弗里德里克·穆斯布鲁格海军中校的指挥下在维拉拉维拉岛附近游弋,以拦截运送补给的日本舰队。23时33分,美国雷达发现日军编队。由于吸取了塔萨法隆加海战的教训,美军火炮一直保持静默,直到发射了鱼雷后各舰主炮才开火。日本人猝不及防,4艘驱逐舰全部被鱼雷击中,其中3艘在失去战斗力后被炮火击沉。击中"时雨"号的鱼雷未能引爆,"时雨"号随即利用夜色逃出战场。由于美军巧妙地利用科隆班加拉岛作为掩护,日军雷达无法区分岛上的山脉和美国军舰,因此无法还击。在战斗中,没有一艘美军军舰受伤。

此次海战造成1500名日本海陆军官兵阵亡,另外300人游泳到维拉拉维拉岛后被救起,指挥官杉浦嘉十则幸运生还。

日军驱逐舰残骸

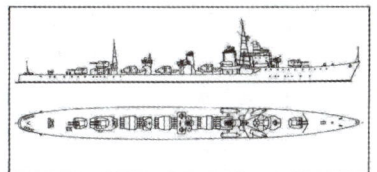

日军"岛风"级驱逐舰

维拉湾海战是美国在夜间鱼雷战中的首次胜利。此次海战后,日本海军由于驱逐舰短缺,已无力支援科隆班加拉岛上的陆军部队。而美国人则于8月15日跳过科隆班加拉岛,直接在维拉拉维拉岛上登陆。

日军"秋月级"驱逐舰

敢死攻击逼退强敌

萨马岛海战

SAMADAO HAIZHAN

日本"大和"级战列舰

布宜诺斯艾利斯港口

莱特湾大海战中，日军以小泽、西村、志摩3支舰队的覆灭或重创为代价，成功地将美海军主力诱离莱特湾，由4艘战列舰、5艘重巡洋舰、2艘轻巡洋舰、11艘驱逐舰共22艘战舰组成的日军主力舰队趁机迫近莱特湾，莱特湾内的美军近百艘登陆舰艇和维系登陆部队生命线的物资即将暴露在日军的炮口之下。

此时能保护莱特湾美军登陆部队和物资的只剩下美国第七舰队第77特混舰队第4大队的第3分队，由克利夫顿·斯普拉格少将指挥，兵力编成是6艘护航航空母舰、3艘驱逐舰和4艘护卫舰。护航航空母舰是由商船改装的，最高航速18节，没有装甲防护，只载有数量不多的作战飞机。平时水兵们将其戏称为"番茄罐头"或"吉普航母"，主要任务是反潜和防空，几乎没有对海作战能力。如果斯普拉格率舰队逃离战场，能保住自己的舰队，但那十几万登陆部队和物资将损失惨重，因此他选择了迎敌。

为了给护航航母上的舰载机起飞赢得时间，3艘美军驱逐舰在指挥官托马斯上校的指挥下向日舰发动敢死攻击。托马斯上校给部下的命令是："我们是同绝对优势的敌人作战，不要抱活下来的希望！"

美舰"约翰逊"号向日舰发射了全部鱼雷，击中日军"熊野"号重巡洋舰，并用火炮击伤了"矢矧"号轻巡洋舰，最终在日舰围攻下沉没，包括舰长在内的186名官兵阵亡。托马斯上校的座舰"霍埃尔"号的主炮击中了日舰"金刚"号战列舰舰桥，迫使其退出战斗。"霍埃尔"号也在日舰围攻下沉没，包括托马斯上校在内的300余名官兵与舰同沉！"艾尔曼"号被日舰炮火轰得千疮百孔，险象环生。

3艘驱逐舰的敢死攻击为护航航母上的舰载机起飞创造了条件，但这些舰载机并没有攻舰的穿甲炸弹，只有少量的杀伤炸弹和深水炸弹。当这些弹药也用完后，美军飞行员就驾机俯冲，做出投弹的样子吓唬日舰，并用机枪扫射，迫使日舰频频转向，以争取时间掩护自己的舰队。

日军舰队指挥官栗田健男中将眼看着自己的战舰长时间不能歼灭眼前这支弱小的美国舰队，担心美军重兵回援，自己又没有航空兵掩护，只得撤退了。美军驱逐舰上800余名官兵用自己的鲜血和生命保护了自己的舰队，保护了那些登陆舰艇和部队。

这场海战是莱特湾大海战的一部分，因为发生在萨马岛附近水域，因此被称为萨马岛海战。

美国护航航空母舰　　　　　　　　　　　　英勇奋战的美国驱逐舰

历史名舰 质量优势战胜数量

日本"吹雪"级
RIBEN CHUIXUE JI

日本海军的"吹雪"级驱逐舰可以说是第一次世界大战后全球驱逐舰发展的一次飞跃。当时日本在战舰建造上大力倡导,因而使得日本驱逐舰成为极有效力的驱逐舰之一。

《华盛顿海军条约》限制了日本帝国海军驱逐舰种的发展,条约规定日本海军与美国及英国皇家海军的吨位比例为3:5:5,所以日本只有在所规定的限额内提高每级战舰的质量。1923年之前,日本驱逐舰设计先后受英国然和德国设计思想的影响。1923年,日本订购了5艘新的"特"型驱逐舰相比。这就是著名的第一批"吹雪"级,它们与以往驱逐舰相比,简直是庞然大物,舰体长度接近119米,排水量高达1750吨,齿轮传动式汽轮机,功率50 000马力,理论上的静水速度为38节。

日本的"吹雪"级驱逐舰

早于其他海军国家好几年,日本的"吹雪"级就应用了双联装127毫米火炮,3座该型火炮使得"吹雪"级驱逐舰的火力比当时许多轻巡洋舰还要强。火炮完全是密封式的,不仅可以防风雨而且也是气密的。该级舰的鱼雷武器同样难以对付,装有3座三联装610毫米鱼雷发射管。

日本在订购10艘"吹雪"级驱逐舰之后,经过一些改进,又订购了第二批。它们安装了新型 127 毫米火炮,这种火炮具有高仰角,也是当时世界上第一座具有对海和对空两种功能的火炮。这些超级驱逐舰的出现,引起了各国海军的轰动,是不难理解的。由于装有高耸的烟囱,高大的舰桥和庞大的炮塔,它比同时代的任何一艘驱逐舰得印象都要给人深。

1933 年,"吹雪"级驱逐舰经过进一步改进,原有的 90 型压缩空气鱼雷被 93 型"长矛"鱼雷取代。"长矛"鱼雷具有非常大的破坏力,一枚鱼雷能够击沉一艘巡洋舰,这些鱼雷使日本驱逐舰具有巨大的攻击优势。1935 年至 1937 年间,该级舰又进行了许多修改:减轻了上层建筑,加强了舰体并附加了压载;减少了再次装填的鱼雷数量,由原来的 9 枚减少到 6 枚。这些改进不可避免地增加了舰体重量,共增重 250 吨,使最高速度下降到 34 节。

1942—1943 年,大部分"吹雪"级驱逐舰拆除一座主炮塔改为 6 座 25 毫米防空炮,加装 25 毫米防空

日本"吹雪"级驱逐舰编队航行

"吹雪"级驱逐舰美术画

炮 8 座和 12.7 毫米高射机枪 2 座。最初订购的 10 艘"吹雪"级将主炮改为高平两用炮塔,舰尾布雷与扫雷具被移除,改为 4 座深水炸弹投掷器。1944 年,舰上 25 毫米防空炮增至 22 座,12.7 毫米高射机枪增至 6～10 座。

"吹雪"级中的"绫波"号驱逐舰

外观美观的驱逐舰 英国"部族"级

YINGGUO BUZU JI

"部族"级驱逐舰是第二次世界大战时英国皇家海军最著名的一级驱逐舰,其设计目的是为了对抗其他国家的大型驱逐舰,例如日本的"吹雪"级。虽然"部族"级比以前建造的英国驱逐舰更大且武备更强,但在实际使用时和普通驱逐舰的运用没什么两样。

"部族"级驱逐舰自1938年开始服役,长年奋战在战斗第一线。

在英国海军中服役的16艘"部族"级,到战争结束时只剩下4艘。

20世纪30年代中期,英国海军发觉其驱逐舰标准已经落后于其他国家正在建造或已经服役的新型驱逐舰。日本的"吹雪"级,意大利的"航海家"级,法国的"空想"级和美国的"波特"级都拥有更多更强的火炮和鱼雷,在拥有高速的同时,排水量达到1750~2500吨。

1934年下半年,英国新型驱逐舰开始设计,要求拥有更强力的武装以应付水面战斗。

航行中的英国"部族"级驱逐舰

"部族"级"爱斯基摩"号驱逐舰

1936年3月10日,即德军开进莱茵兰非武装区后的第三天,英国海军向船厂下单建造7艘新型驱逐舰,稍后又追加了9艘,新舰被命名为"部族"级。

建成后的"部族"级驱逐舰总长114.8米,舰宽11.1米,吃水2.7米,标准排水量1959吨,编制舰员190人。武备包括4座双联装舰炮120毫米,总共备弹2400发;两座四联装12.7毫米高射机枪装设在船体中部,位于两个烟囱之间,备弹10 000发;1座四联装鱼雷发射管则装在后烟囱后面。动力装置是3座海军型三锅筒式锅炉,分装在3个锅炉舱中。锅炉舱之后隔着防水隔壁的是机舱,安有2台帕森斯式蒸汽轮机,功率44 000马力。军舰最高航速36节,在最恶劣的海况下也能达到32.5节左右。燃油搭载量为520吨,续航力为5700海里/15节。

1940年的挪威战役中显示出"部族"级仅有40度仰角的主炮,防空能力低下,四联装12.7毫米机枪在实战中非常不可靠,射程和威力也很小。根据在挪威战役和敦刻尔克获得的经验,"部族"级一座主炮被换成双联装102毫米高平两用炮,这种火炮的最大仰角为80度,是一种相当有效的远程防空武器。四联装高射机枪也为20毫米防空炮取代,战争结束前,性能优良的40毫米博福斯高射炮也配备在"部族"级上,另外军舰还装上了雷达。

值得一提的是,"部族"级的设计师科尔还考虑到舰艇的外观。他认为一艘漂亮的军舰会提高舰员的自豪感。这是相当难把握的,但他做得很成功,许多人都认为"部族"级驱逐舰是第二次世界大战中最漂亮的英国驱逐舰。

经现代化改装的"部族"级驱逐舰

英国部族级驱逐舰祖鲁族人号

"部族"级"哥萨克"号驱逐舰

数量最多的驱逐舰
美国"弗莱彻"级
MEIGUO FULAICHE JI

美国"弗莱彻"级驱逐舰"查尔斯·奥斯本"号

"弗莱彻"级是第二次世界大战中美国最著名的驱逐舰，它也是"二战"中后期美国海军驱逐舰队的主力舰只。太平洋战争爆发后，美军组成了以航空母舰为核心的特混舰队，需要大量驱逐舰为编队提供掩护，当时现有的驱逐舰远远不够使用。

"弗莱彻"级新型驱逐舰应运而生。它可以说是第二次世界大战中世界上最优秀的驱逐舰，具有优异的续航力，留有足够的稳性储备以应付战时加装雷达和防空火炮等需要，舰体具备更大的纵向强度，舰体宽度加大，避免了老式驱逐舰所存在的横摇剧烈的缺点。该舰武备也很强大，装有5座127毫米单管火炮，并安装有2座五联装533毫米鱼雷发射管。4座锅炉分置于两个锅炉舱，与前机舱所隔开。防空武器包括3座四联装40毫米博福斯高射炮，2座装于舰桥之前，1座位于后上层建筑顶上。"弗莱彻"级驱逐舰还安装20毫米厄利孔高射机关炮，代替了原来的12.7毫米机枪，这是该型炮首次安装在美国驱逐舰上。

"弗莱彻"级的舰体长114.6米，标准排水量2050吨，满载排水量2500吨，主机功率60 000马力，最大航速37节，舰员编制353人。主机舱、齿轮装置舱和锅炉舱占据了将近一半的长度。在舰体的前部设有编号为2、3、4号的三层甲板，为了设置仓库，增设了一层半甲板。在2号甲板上，设有1号127毫米火炮的扬弹室及军官食堂、淋浴室、盥洗室、厕所等，标图室也设在这层甲板上。3号甲板（或称下甲板）上，设有士兵食堂、前部急救站以及作战情报中心。作战情报中心是战舰的作战心脏，用以进行中心协调，是第二次世界大战中才设立的部门，相当于英国驱逐舰的作战室，它起到情报综合分析的作用，所有从雷达、声呐、无线电甚至目视观察到的情报都在这里归纳分析，然后传送到舰桥上指挥官那里以便其决策。在4号甲板上设有听音室，声呐设备就设在这里，声呐导流罩直接收藏在舰底的围壳中，使用时降到水中。127毫米火炮的弹药库也设在4号甲板上。

美国在短短的两年半内就生产了175艘"弗莱彻"级驱逐舰，该级舰服役之后，参加了战争中后期的所有战役，为美国海军赢得太平洋战争立下了汗马功劳。

直到20世纪70年代，"弗莱彻"级驱逐舰才从美海军全部退役，部分富余的舰只被转让给了美国的盟友，有些又使用了很久才退役。

美国"弗莱彻"级驱逐舰

"弗莱彻"级驱逐舰的刺猬式反潜深弹

"弗莱彻"级驱逐舰的40毫米四联装高炮

"弗莱彻"级驱逐舰的127毫米主炮

"弗莱彻"级驱逐舰的五联装鱼雷发射管

现役装备 世界驱逐舰的王者
美国"阿利·伯克"级
MEIGUO ALIBOKE JI

"伯克"级驱逐舰"巴里"号

"钟云"号导弹驱逐舰

"阿利·伯克"级驱逐舰在许多方面处于世界领先地位,且其规模最大,战斗力最强,部署面最广,不愧为当今世界的驱逐舰之王。当然,其最为世人称道的特点是最早装备"宙斯盾"系统和导弹垂直发射系统,具备抗反舰导弹饱和攻击的能力。在设计上,强调编队协同作战,重视可靠性、可维修性,追求经济性和军舰的生存能力。该级舰是目前世界上建造数量最多的驱逐舰,共有62艘。

作为迄今为止美国海军史,也是世界海军史上最先进的驱逐舰,"阿利·伯克"级导弹驱逐舰创造了美国海军史以及驱逐舰史上的许多第一,堪称美国海军的骄傲,其中以下四个"第一将"永载史册。

"伯克"级驱逐舰舰徽

世界上第一级装备"宙斯盾"系统的驱逐舰 20世纪六七十年代,为对付苏联海军种类繁多、性能先进的反舰导弹,美国海军开发了"宙斯盾"系统。该系统可同时高速搜索、跟踪处理几百批目标,并可同时导引12枚导弹拦截空中目标,足以对付饱和攻击。

美国海军第一级采用集体防护系统的战舰 可防止核、生、化作战带来的放射性物质污染。舰上除机舱以外的生活和工作舱室是重点密闭区,舱盖采用双层密闭,进入舱室的空气全部经过多层过滤。上层建筑采用高强度钢,使上层建筑抗核爆炸冲击波的能力有大幅度提高。

世界上首次采用导弹垂直发射系统的驱逐舰 为了应对反舰导弹实施的饱和攻击,美国海军对导弹发射系统进行了改进,研制出世界上第一型MK41垂直发射系统。它与以前的导轨式或箱式发射装置相比,提高了发射率,增加了可靠性和可维护性,降低了全寿命成本,呈半球形的发射范围无死角。该级舰首尾装备两组MK41导弹垂直发射系统,可装导弹96枚,有足够的备弹量应付饱和攻击。并可根据作战任务,混合装载"标准"舰空导弹、"战斧"巡航导弹和垂直发射的"阿斯洛克"反潜导弹。

美国海军史上第一艘以华裔将领命名的军舰 2003年1月11日,美国海军为新建的第43艘"阿利·伯克"级导弹驱逐舰举行了正式命名仪式,以第二次世界大战时期功勋卓著的华裔名将钟云的名字命名为"钟云"号,使其成为美国海军史上第一艘以华裔将领命名的军舰。该舰于2006年访问了中国。

"钟云"号加入美国太平洋舰队

"伯克"级驱逐舰编队

苏联红海军的遗产
俄罗斯"现代"级
ELUOSI XIANDAI JI

俄罗斯军港中的"现代"级驱逐舰

航行中的"现代"级驱逐舰

原苏联于20世纪80年代初开始建造的"现代"级驱逐舰,该级舰仍处处体现出浓郁的苏式战舰风格。这种以防空和对海攻击为主要任务的通用型驱逐舰,还可以执行火力支援和护航任务,具备同时对付来自空中、水面、水下之敌的能力,是一型至今仍在兵器排行榜中位居前列的王牌战舰。

"现代"级具有适航性强、生存力强、居住性优、机动性好、作战威力大等特点。适航性强是该级舰较为明显的优点。

"现代"级的舰体相对较宽,从外表看上去就给人以平稳、宽大的感觉,能在十级风浪的情况下出海作战。"现代"级驱逐舰体由高强度钢建成,整个舰体又用15道横壁分隔成16个水密舱段,从而能够保证任意相邻三舱进水而不致翻沉,所以该舰的生存力也很强。过去,大多数苏联军舰的居住性较差,而"现代"级舰的人均居住面积达到军官5平方米、士官3平方米、士兵2平方米的标准。

此外，舰上的空调和通风系统也很完善，整个设计风格完全符合美国海军舰艇居住性的要求。

机动性是现代化战舰较为重要的指标之一。"现代"级驱逐舰航速32节，超过美国海军最先进的"伯克"级的速度，由静止加速到32节全速仅需不到2分钟时间，这在世界大型军舰中也是不多见的。"现代"级的舰艏和舰艉各安装一部收放式应急推进系统，既可应急启动，带动主机启动和加速，也可在主机被毁或有故障时替代主推进装置，还可在舰体离靠码头和转弯时起到灵活可靠的助航作用。

作战威力大是"现代"级驱逐舰最为引人关注的特点。"现代"级舰上的多种先进武器装备甚至令美国这样拥有世界最强大海军的国家也感到难以对付。

"现代"级的武器主要有8枚3M-80"白蛉"超音速反舰导弹，48枚3K90"无风"防空导弹，4座AK-630近防炮，2座双联装AK-130火炮，2座双联装533毫米鱼雷发射管，2座6管RBU-6000火箭深水炸弹发射器及PK-2、PK-10型诱饵发射器和"斯塔特"-2电子战系统，此外还有1架卡-27"蜗牛"反潜直升机。

"现代"级的首舰"现代"号于1980年12月建成，1982年8月加入苏联海军的战斗序列。

苏联计划建造28艘"现代"级驱逐舰，并陆续建成了17艘。但随着苏联解体，后续舰的建造工作因财政困难而中断。中国订购了四艘"现代"级驱逐舰，目前均在人民海军东海舰队服役。

中国海军装备的"现代"级驱逐舰

利剑出鞘

"无风"防空导弹

"白蛉"反舰导弹

中华神盾舰显神威

中国052C型

ZHONGGUO 052C XING

052C型驱逐舰排水量约7000吨,舰体设计采用大角度飞剪舰艏,舰体上层建筑采用隐身造型,动力系统采用燃气轮机,直升机机库与起降甲板位于舰艉,搭载1架卡-27型反潜直升机。

052C型舰最大的特点是装备了一套中国自行研制的相控阵雷达系统,布置方式类似美国"阿利·伯克"级和日本"金刚"级驱逐舰,中国由此成为美、俄、荷、日之后第五个掌握该技术的国家。这套系统被国外称为"中华神盾"系统,052C型舰也因此被称为"中华神盾"舰。

相控阵雷达系统的四面雷达发射天线成四边形安装在舰桥的四个方向上,雷达搜索距离可达450～500千米,工作模式为有源式,波段为主动的S波段,外形为箱体,通过前后左右四个面以格栅固定安装。阵面与舰体侧切平面形成的夹角为80度左右,总重在13吨左右。另配置一座低频警戒雷达作为相控阵雷达的补充。该舰舰桥顶部有一座类似俄罗斯"现代"级驱逐舰"音乐台"雷达的球型雷达天线罩。主桅顶端安装雷达天线罩,据推测配置了一部对海/对空搜索雷达。

相控阵雷达天线

国产垂直发射系统

052C型驱逐舰的7管30毫米近防炮

中国海军052C型驱逐舰

舰上装有六联装环形防空导弹垂直发射装置,共 8 个单元,舰桥前甲板 6 个,后甲板与直升飞机库并排 2 个,全舰垂直发射系统共装弹 48 枚,所装的导弹据推测是"海红旗 –9"远程防空导弹,射程 120 千米,作战高度 500～30 000 米,采用冷发射方式,即使用高压气体将导弹推出发射装置后,导弹在空中点火。为了防止导弹发射失败后落回甲板,发射装置向舷外倾斜一定角度。该舰装备 2 座四联装反舰导弹发射装置,位于后桅与直升机库之间,所装导弹据称为鹰击 –12 型超音速反舰导弹,射程 250 千米,备弹 8 枚。舰艏装 1 门单管 100 毫米口径舰炮。近程防御系统为工门海 730 型 7 管 30 毫米近防炮,炮架上有 1 具跟踪雷达以及 1 套光电跟踪系统;1 门位于舰桥前边,另 1 门位于直升机机库顶部。装备三联装反潜鱼雷管 2 座,位于舰体后部两侧船舷,平时用舱门遮蔽。

052C 型驱逐舰是中国第一种专用防空驱逐舰,也是第一型装备导弹垂直发射系统和"中华神盾"系统的战舰。首舰"兰州"号于 2003 年 4 月下水,姊妹舰"海口"号于同年 10 月下水,两舰皆在南海舰队服役。

052C 型驱逐舰的装备使中国海军第一次拥有了区域防空能力,为中国海军最新锐的主力驱逐舰。因保密的原因,目前对该舰的性能与装备多为推测。

052C型驱逐舰

"兰州"号导弹驱逐舰

航行中的052C型驱逐舰

英海军的全能武士

英国45型

YINGGUO 45 XING

英国45型驱逐舰"不屈"号

外形前卫的45型驱逐舰

英国付出20余年的努力,最新型的45型驱逐舰最终服役。该型舰长152.4米,宽21.2米,吃水深5.3米,满载排水量达7350吨,是第二次世界大战后英国建造的最大的驱逐舰,充分体现了驱逐舰大型化的趋势。

"45"型驱逐舰是按照对付"饱和导弹攻击"的标准武装的,一艘"45"型驱逐舰的火力比8艘"42"型驱逐舰组成的舰队的火力还强。"45"型驱逐舰安装了由远程搜索雷达、大型相控阵雷达、中远程防空导弹和导弹垂直发射系统构成的防空系统,其中最主要的"萨姆普森"相控阵雷达被安置在主桅杆的顶部,雷达探测距离250千米以上,跟踪目标数量多达500~1000个,能支持点防御和区域防御系统,可同时制导32枚导弹拦截16个空中目标,足以满足海上编队防空作战需要。该舰舰艏装有一座英国驱逐舰传统的114毫米舰炮,外形采用隐身处理。舰炮后面是48单元导弹垂直发射系统,用来发射16枚"紫苑"15和32枚"紫苑"30对空导弹,这一家族的导弹是"45"型驱逐舰最主要的武器系统。

英国45型驱逐舰首舰"勇敢"号进行海试

"勇敢"号正面照

"紫苑"30是"紫苑"15的增程型,射程70千米,可以跟踪和攻击多批次的来袭飞机和导弹。由于采用了推力矢量控制技术,"紫苑"导弹具有高过载转向攻击能力,过载高达50g,据称"能跟踪并摧毁3倍音速以上的板球状大小的飞行目标"。"紫苑"系列导弹已进行了10次拦截掠海反舰导弹试验,成功率为100%。另外,该舰安装了2座八联装ANNG巡航导弹发射箱。ANNG导弹长3.95米,重350千克,射程350千米,采用隐身外型设计,增程型的射程可达900千米,主要用来对陆攻击。

45型驱逐舰的推进系统相当先进,采用的是综合电力推动系统,这样可以确保军舰行驶时的稳定性和安静性。它的续航力可达7000海里/18节(1海里=1852公里),相当于从英国横跨大西洋前往美国的距离,这种续航力对于经常到海外活动的皇家海军而言是至关重要的。

45型驱逐舰首艘"勇敢"号下水之后不久,英国海军就决定从第4艘"天龙座"号起对45型驱逐舰进行重大改进,使它成为既具有强大防空能力,又具有强大近海作战能力和对陆打击能力,同时兼备反舰、反潜能力的多功能战舰,成为其"全球舰队"中的"全能武士"。因为英国海军高层认为,英国要建立"多用途海上军事力量",需要有一支能维护英国利益的强大又适用的现代海军。

建造中的英国45型驱逐舰

海上自卫队的精锐
日本"金刚"级
RIBEN JINGANG JI

航行中的日本"金刚"级驱逐舰

"金刚"级驱逐舰"金刚"号

日本海上自卫队的"金刚"级驱逐舰是以"宙斯盾"系统为核心建造的军舰。长期以来,日本海上自卫队为其海上战斗编队防空力量薄弱而忧心忡忡。尤其在冷战时期,日本海上编队面临苏联太平洋舰队从飞机、水面舰艇和潜艇发射的各类导弹的威胁,迫切需要一种能对付多方向、同时攻击多个目标的防空系统。因而当"宙斯盾"系统于20世纪80年代在美国问世后,日本人马上认识到它的优势,并于80年代末制定出以美国海军"伯克"级驱逐舰为样板的发展日本式"宙斯盾"驱逐舰的计划,首批建4艘,已于1992—1998年先后服役。后续4艘在"金刚"级的基础上做了较大改进,被称为"爱宕"级,目前正陆续建造中。

"金刚"级虽然是以美国的"伯克"级驱逐舰为蓝本建造的,但又有许多地方区别于"伯克"级。"金刚"级比"伯克"级长7.23米,宽0.73米,满载排水量大1092吨。

在外形上，"金刚"级虽然保留了"伯克"级的隐身舰型，但"金刚"级采用的是高干舷平甲板型，而"伯克"级采用的是长艏楼船型。"金刚"级的上层建筑很大，共有 6 层，比"伯克"级多了 1 层，最上层为舰桥。第 4 层和第 5 层是雷达的舱室，1~3 层为军官住舱。"金刚"级采用传统的桁架式桅杆，而"伯克"改用向后倾斜的特殊三脚桅，使两者在外观上有了明显的差别。

"金刚"级驱逐舰"鸟海"号

其次是武器和电子系统的差异。"金刚"级配备的是意大利奥托·梅莱拉 127 毫米主炮，而"伯克"是 MK–45 型 127 毫米主炮。"金刚"级虽有垂直发射"战斧"巡航导弹的能力，但美国目前尚未向日本海上自卫队出售这种武器。另外，美国没有向日本提供"伯克"级已经装备的 AN/SLQ–32 电子战系统和反潜战的软件，装在"金刚"级上的 NOLQ–2 电子战系统和反潜战软件是日本国内研制的，据说性能超过了美国的同类产品。

"金刚"级驱逐舰"雾岛"号

日本的科技相当先进，在一些方面已超过美国，其军火工业的潜力也很大。因而，它不会使"金刚"级停留在"伯克"级的技术水平上。在仿造成功后，必然会对"宙斯盾"系统进行改进和创新。有报道说，日本 1991 年就在为"金刚"级驱逐舰研制垂直发射的"阿斯洛克"反潜导弹和类似"战斧"的巡航导弹，并在"金刚"级舰桥上安装了"大鸟"侦察卫星接收天线和美国海军舰队通信卫星天线。这表明，日本海军在加强与美国海军合作的同时，也在努力研制自己的武器装备，"金刚"级驱逐舰在性能上还将有很大改进。

"金刚"级驱逐舰"妙高"号

屡经挫折终现曙光

法/意"地平线"级

FA YI DIPINGXIAN JI

"地平线"级驱逐舰是欧洲联合研制通用战舰的成功范本。虽然欧洲通用战舰的研制一波三折,但在挫折之中总算是看到了一丝曙光。同时,"地平线"计划合作的成功,对于法国、意大利两国解决急需防空战力的燃眉之急,对于加强在地中海乃至大西洋地区的海上军事力量也有着相当重要的作用。

法国版"地平线"级驱逐舰的满载排水量为6970吨,意大利版满载排水量为6700吨。法国版舰宽20.3米、吃水4.8米;意大利版舰宽17.5米、吃水5.1米。舰长均为151.6米。主机为2台LM 2500燃气轮机和2台柴油机,总功率可达69 300马力,柴-燃联合推进,大大增强了其续航能力及远程作战能力。该级舰的最高航速可达29节,续航力达到7000海里/17节。由于自动化程度高,近7000吨的军舰艇仅需200名官兵的编制。

该级舰防空系统由EMPAR雷达、48单元的"席尔瓦"垂直发射系统和"紫菀"导弹组成。

法意合作研发的"地平线"级驱逐舰

意大利地平线级驱逐舰"安德利亚·多利亚"号

法国"地平线"级驱逐舰"福尔班"号

"福尔班"号后方

在港口停泊的"福尔班"号

意大利"地平线"级驱逐舰"杜伊利奥"号

EMPAR相控阵雷达由意大利阿莱尼亚公司研发,可引导"紫菀"15和"紫菀"30防空导弹拦截目标。对战机大小目标的最大搜索距离约150～180千米,对导弹大小目标的搜索距离为50～60千米,对掠海反舰导弹的搜索距离则为23千米,可同时侦测300个目标,跟踪其中75个,并同时导引24枚防空导弹拦截12个最具威胁的目标。"紫菀"系列防空导弹由法国主导研发,目前共发展出两种导弹:"紫菀"15近程防空导弹与"紫菀"30区域防空导弹,"紫菀"导弹采用矢量推力喷嘴,导弹发射后可立刻转向目标。反潜武器包括2座三联装鱼雷发射装置,配备新式MU–90型324毫米轻型鱼雷。航速50节,攻击深度超过900米,有效射程约11千米。另外还可搭载一架NH–90型或EH–101型反潜直升机。在反舰武器上,法意两国的选择不同,法国选用"飞鱼"MM40型反舰导弹,意大利则选用"奥托·马特"MK3型反舰导弹。

虽然"地平线"是法、意两国联合研制的新型战舰,但法国特色浓郁。舰上采用的海军战术情报处理系统、近程防御系统等是法国自主研制的,同时也代表着武器装备发展的先进水平。"地平线"级驱逐舰充分体现了法国海军的"一舰多用,平战结合"的思想。"地平线"级新型战舰集多种功能于一身,除为航母提供有效的防空火力支援外,还具有较强的反潜、反舰及对岸作战能力。

史海钩沉 "31节"追击敌舰

阿利·伯克

ALIBOKE

阿利·伯克上将

阿利·伯克,绰号"31节伯克",是美国海军第二次世界大战时期优秀驱逐舰指挥官。1939年6月,伯克担任"梅格福德"号驱逐舰舰长;在1943年1月,他被任命为43驱逐舰分队队长;5月份,他又调任44驱逐舰中队队长;没多久,伯克在所罗门海域的护航战斗中受伤;8月份,他调任第12驱逐舰中队队长。此外,他还指挥第45驱逐舰中队的两个支队。10月份,伯克又从第12驱逐舰中队调离,被任命为第23驱逐舰中队(绰号"小海狸")的队长。在这之后的短短4个月中,该中队在伯克的领导下参加了22场战斗,取得了击沉击伤日军10艘军舰、1艘潜艇、几艘小型舰艇和大约30架飞机的辉煌战绩。"小海狸"中队成为当时美国海军中一颗耀眼的明星,而伯克也成为美国海军著名的驱逐舰指挥官之一。

"31节伯克"的绰号出自1943年11月25日,当时第23驱逐舰中队接到海军上将哈尔西的命令,高速航行前去拦击一支载有空军撤离人员的日本舰队。

阿利·伯克上校的旗舰"奥斯本"号

阿利·伯克上校在旗舰"奥斯本"号上看书

命令如下:"伯克,你必须以31节航行,越过布克岛至腊包尔之间的日军撤退航线,到达布卡岛以西35海里处,在那里如果未发现敌人,等到25日凌晨3时可南下加油;如果遇到敌人,你完全知道应该怎么办。"

伯克果然以罕见的全程31节高航速率舰队在圣乔治角截住了日军舰队,当时的形势是美军5艘驱逐舰对日军的5艘驱逐舰,双方旗鼓相当。伯克认为漆黑的夜晚是发起攻击的好机会,抢先发射鱼雷击沉了日军两艘驱逐舰。在追击日军其余3艘驱逐舰的过程中,他命令己方驱逐舰急转向,因为他了解日军的战术。果然,有三枚威力强大的93式鱼雷在美军驱逐舰后面爆炸。躲过了日军鱼雷袭击后,他又指挥本方驱逐舰击沉了日军第三艘驱逐舰。

这次战役被称为圣乔治角海战,很多海军学家称之为最完美的海战,伯克也因此次战役被授予海军十字勋章;从此,"31节伯克"的美名在美国国内广为传诵。

阿利·伯克因战功升至上将军衔,战后曾连任三届美国海军作战部长。美国海军为表示对这位将军的尊敬,十分罕见地在将军在世之时就将美国海军史上最先进的一级驱逐舰命名为阿利·伯克级,期望这级军舰能够像阿利·伯克将军一样:快速、灵活、勇往直前。

1991年"阿利·伯克"号服役典礼上,阿利·伯克本人亲自到场鼓励官兵:"战舰是用来战斗的,你们应该知道怎样做好。"

"奥斯本"号的战绩

"奥斯本"号舰体涂有伪装色

英舰战沉南大西洋

"飞鱼"发威
FEIYU FAWEI

阿根廷的"超军旗"战斗机挂载"飞鱼"导弹

被"飞鱼"导弹击中的"谢菲尔德"号

1982年5月4日,英国阿根廷马尔维纳斯群岛之战正酣。一艘驱逐舰被派往马岛北部海域执行警戒任务,它就是英国皇家海军的42型驱逐舰"谢菲尔德"号。这艘有"闪光的谢菲"之称的新型导弹驱逐舰装备着当时最先进的武器和电子设备。阿根廷的水上巡逻飞机发现了英国的"竞技神"号航母和"谢菲尔德"号驱逐舰。阿根廷空军立即出动两架法制"超军旗"攻击机携带AM-39飞鱼式反舰导弹,去攻击这两艘军舰。

两架"超军旗"以每小时1200千米的速度掠海超低空飞行,以避开英舰雷达的探测。这套低空突袭的行动动作还是在法国练就的,当时最低也只飞到80米。现在,阿根廷飞行员大胆突破了极限,飞到30米的高度。此时高度表已经完全归零了。飞行员稍有失误,飞机就会在瞬间栽进大海。目标越来越近,在距其46千米处,两架"超军旗"突然跃升至150米,同时启动机载雷达。雷达锁定目标后,两枚"飞鱼"直扑目标。

"谢菲尔德"号上的伤员

在"超军旗"打开机上雷达搜索目标的瞬间,英国的另一艘军舰就收到了雷达辐射信号,并立即把这一情况转发给"竞技神"号和"谢菲尔德"号。但"竞技神"号的防空管制系统认为收到的雷达辐射信号来自阿根廷的"幻影"战斗机。英海军认为,阿根廷还不具备使用"飞鱼"导弹攻击军舰的能力,没有法国的技术支持,阿军不能完成导弹和飞机的对接,阿军的"超军旗"也不能发射"飞鱼"导弹。判断上的失误使英国人放松了警惕,对雷达信号没有给予应有的重视。这时,"谢菲尔德"号正在通过卫星通信系统收发电报,为了避免干扰卫星通信,该舰警戒雷达没有开机,也没有发现"超军旗"飞机的动向。

两枚"飞鱼"紧贴水面向"谢菲尔德"号扑过来。导弹呼啸而至,"谢菲尔德"号的自动干扰装置对离海面较高的一枚导弹起了作用,使其偏离了航向。另一枚因距水面太近,英舰的雷达没有捕捉到它。随着一阵剧烈的震动,导弹不偏不倚正中"谢菲尔德"号的作战指挥中心。导弹在击中目标时燃料尚未用尽,又接连穿透了两个舱室,这一切都发生在20秒内。军舰燃起大火,被击伤的部位炽热得无法接近。英国海军挽救该舰的一切努力最终宣告失败,5月10日,"闪光的谢菲"最终沉入了海底。

英国42型驱逐舰

起火燃烧的"谢菲尔德"号

沉没的英舰

疏忽大意导致悲剧

"科尔"号被炸
KEER HAO BEIZHA

美国海军"科尔"号驱逐舰2000年10月12日在也门亚丁港遭到自杀式爆炸袭击,至少造成17名水兵死亡,9名水兵受伤。这艘名为"科尔"号的导弹驱逐舰属于"阿利·伯克"级。爆炸发生时,该舰载有350名海军官兵,它正前往海湾地区参加美国领导的海上拦截行动,以协助执行联合国对伊拉克的制裁。当天,"科尔"号停靠亚丁港加油,巴林时间上午11点20分左右,一个满载高能炸药的小型橡皮艇突然冲向"科尔"号,猛烈的爆炸将军舰炸开一个6~12米的大洞。爆炸造成严重伤亡,但没有发生火灾,船体则发生严重倾斜。

"科尔"号驱逐舰的服役基地在美国东南部的重要军事港口诺福克,隶属于"乔治·华盛顿"航空母舰编队,它配有最新的"宙斯盾"相控阵雷达和导弹垂直发射系统。该舰2000年6月奉命离开诺福克前往海湾,于10月9日穿过苏伊士海峡,进入红海。12日上午抵达亚丁港,本来预计只停留4小时补充燃料,没想到刚到就被炸。

被炸的"科尔"号

"科尔"号导弹驱逐舰

"科尔"号被送回国修理

做高速转向的"科尔"号

运输船上受伤的"科尔"号

美国海军的调查揭示,"科尔"号驱逐舰是在防范措施非常松懈的情况下遭到袭击的。事件发生时,"科尔"号的指挥官利伯尔德并没有完全执行由他自己制订的安全措施。当时"科尔"号被认为是处于"受威胁状态"。根据该舰的保安规则,这种情况下必须安排士兵在甲板上值班,以防止任何小型船只靠近。但是当时"科尔"号事实上却处于毫无戒备的状态。调查报告的结论是,假如这些安全措施得到完全执行的话,那么这起恐怖事件是可以被避免的。

正当有关各方对事故的原因和发起者进行各种揣测,也门当地一支激进的伊斯兰武装组织发表声明表示对该起炸弹爆炸事件负责。经调查,美方认为这次爆炸袭击是著名恐怖分子本·拉登一手策划。

同年12月13日,挪威远洋运输船将受伤的"科尔"号运回美国,"科尔"号随后在造船厂进行为期14个月的修复。2001年9月14日,"科尔"号重新下水。2002年4月19日,该舰返回诺福克海军基地重新服役。

修理完毕的"科尔"号重新服役

图书在版编目（CIP）数据

伏波铁骑 / 于向昕编写 . — 北京：海洋出版社，2012.1
（蔚蓝世界海洋百科丛书）
ISBN 978-7-5027-8138-5

Ⅰ.①伏… Ⅱ.①于… Ⅲ.①驱逐舰—青年读物 ②驱逐舰—少年读物 Ⅳ.① E925.64-49

中国版本图书馆 CIP 数据核字 (2011) 第 221008 号

责任编辑：王宏春
责任印制：刘志恒

海洋出版社 出版发行
www.oceanpress.com.cn
北京市海淀区大慧寺路8号（100081）
北京画中画印刷有限公司印刷
新华书店发行所经销
2012年1月第1版 2012年1月北京第1次印刷
开本： 889mm×1194mm 1/24
字数： 65千字
印张： 3
定价： 12.00元
发行部：010-62132549 邮购部：010-68038093 图书中心：010-62100038

海洋版图书印、装错误可随时调换